BEI GRIN MACHT SICH IHR WISSEN BEZAHLT

- Wir veröffentlichen Ihre Hausarbeit,
  Bachelor- und Masterarbeit

- Ihr eigenes eBook und Buch -
  weltweit in allen wichtigen Shops

- Verdienen Sie an jedem Verkauf

Jetzt bei www.GRIN.com hochladen
und kostenlos publizieren

Dorothea Wolschak

Islamic Banking. Kulturelle Anpassung von Finanzdienstleistungen

GRIN Verlag

Bibliografische Information der Deutschen Nationalbibliothek:

Die Deutsche Bibliothek verzeichnet diese Publikation in der Deutschen National-
bibliografie; detaillierte bibliografische Daten sind im Internet über http://dnb.d-
nb.de/ abrufbar.

Impressum:

Copyright © 2011 GRIN Verlag GmbH
Druck und Bindung: Books on Demand GmbH, Norderstedt Germany
ISBN: 978-3-656-68814-3

Dieses Buch bei GRIN:

http://www.grin.com/de/e-book/275974/islamic-banking-kulturelle-anpassung-von-
finanzdienstleistungen

GRIN - Your knowledge has value

Der GRIN Verlag publiziert seit 1998 wissenschaftliche Arbeiten von Studenten, Hochschullehrern und anderen Akademikern als eBook und gedrucktes Buch. Die Verlagswebsite www.grin.com ist die ideale Plattform zur Veröffentlichung von Hausarbeiten, Abschlussarbeiten, wissenschaftlichen Aufsätzen, Dissertationen und Fachbüchern.

Besuchen Sie uns im Internet:

http://www.grin.com/

http://www.facebook.com/grincom

http://www.twitter.com/grin_com

Katholische Universität Eichstätt-Ingolstadt

Dipl.-Wirtsch. Geogr. Christian Baumeister
Seminar V1-H Wirtschaft-Gesellschaft-Raum
Wintersemester 2010/2011

Islamic Banking
Kulturelle Anpassung von Finanzdienstleistungen

Verfasserin: Wolschak, Dorothea

Inhalt

Einleitung

Die generelle Zielsetzung dieser Hausarbeit besteht darin, Erklärungsansätze für die Integration der kulturellen und religiösen Züge des Islam in wirtschaftspolitische Systeme zu leisten; und die daraus resultierenden Grundzüge und Chancen bzw. Probleme des Islamic Banking in der Zukunft aufzuzeigen.

Das erste Kapitel bietet eine einführende Definition des Begriffs Islamic Banking. Im zweiten Kapitel wird auf den Islam als Weltreligion eingegangen, dessen wichtigsten Merkmale und Regeln erörtert, sowie die Wirtschaftsethik des Islam umrissen, um eine Basis für die weitere Beschreibung des Islamic Banking bereit zu stellen. Das dritte Kapitel beschreibt die Hintergründe der Entwicklung des Islamic Banking in der Vergangenheit und Gegenwart und beschreibt die einzelnen islam-konformen Finanzinstrumente des Islamischen Bankwesens. Im vierten Kapitel wird ein kurzer Vergleich des islamischen zum westlichen, konventionellen Finanzwesen hergestellt. Die Seminararbeit schließt im fünften Kapitel mit einem Fazit und einem zukunftsbezogenen Ausblick über die Chancen und Probleme bei der Etablierung des Islamic Banking – auch in der westlichen Finanzwelt – ab.

Zur besseren Orientierung werden behandelte islamische Begriffe kursiv geschrieben, sowie nachfolgend in Klammern oder im folgenden Text übersetzt bzw. erklärt.

1. Definition des Islamic Banking

Islamic Banking – das Islamische Bankwesen als Teil des Islamischen Finanzwesens, neben dem islamischen Versicherungswesen und Kapitalmarkt – definiert sich als eine Form kultureller Anpassung von Finanzdienstleistungen an die Gebote und Normen der islamischen Religions- und Kulturgemeinschaft. Im Zuge einer andauernden Rückbesinnung der Muslime zu ihrer islamischen Identität in allen Lebensbereichen wird auch versucht das Islamische Bank- und Finanzwesen weitestgehend auf die religiösen Prinzipien des Islam zu stützen (vgl. ASKARI et al. 2009: 1).

2. Der Islam

2.1. Der Islam als Weltreligion

Hinter dem Christentum mit ca. 2,1 und vor dem Hinduismus mit ca. 0,9 Milliarden Anhängern, formt der Islam mit etwa 1,3 Milliarden Zugehörigen die zweit größte Religion der Welt und betrifft somit ca. 21% der Weltbevölkerung (vgl. CSF 2005). Der Islam bildet nicht nur eine Religions- sondern eine Kulturgemeinschaft[1], die in unterschiedlicher Ausprägung auf der ganzen Welt zu finden ist. Wie in Abbildung 1 ersichtlich, konzentrieren sich die Nationen mit einer islamischen Mehrheit an der Bevölkerung auf Nord-Afrika, den Nahen Osten, sowie Südost-Asien. Die Abbildung beschränkt sich auf den eurasischen und afrikanischen Raum, da andere globale Regionen im Zusammenhang mit einer hohen Anzahl an Muslimen vernachlässigbar sind.

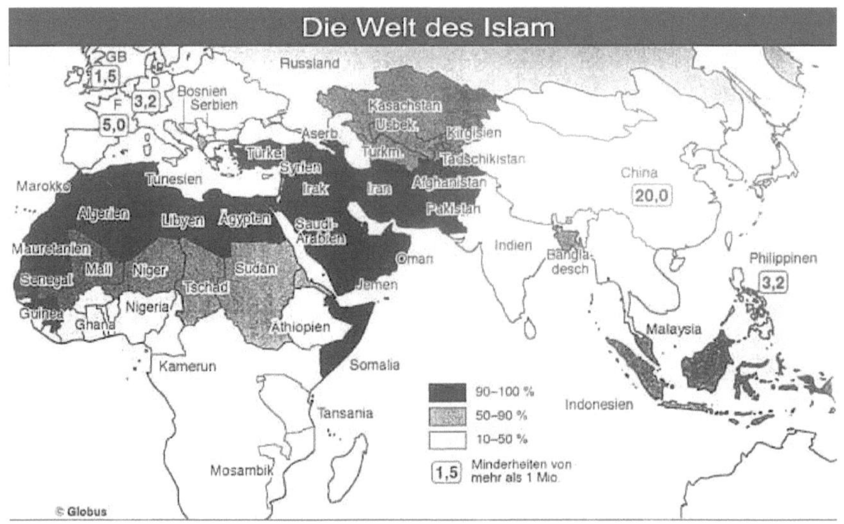

Abbildung 1: Anteil der Muslime an der Bevölkerung

Quelle: Bundeszentrale für politische Bildung

---

1   Es soll hier allerdings nicht der Eindruck entstehen der Islam wäre eine durchgehend einheitliche Religion. So zeigen sich unterschiedliche Ausprägungen der Muslime unter anderem in den Glaubensgemeinschaften der Schiiten oder Sunniten, sowie extremistischen Gruppen wie den Islamisten. Im Rahmen der Seminararbeit wird der Islam als eine einheitliche Religion behandelt, da der Schwerpunkt nicht auf den individuellen Unterschieden, sondern auf den Normen und Regeln der Muslime im Allgemeinen liegt.

2.2. Die Entstehung des Islam (nach EICHHOFF 2006: 66-68)

Nachdem ihm Erzengel Gabriel im Schlaf erschienen ist beginnt Mohammed durch das Land zu Reisen und zu predigen. Um die christliche und jüdische Religion zu vollenden, gründet der Prophet Mohammed in Mekka schließlich eine neue Religion, den Islam. Mohammed schreibt als letzter Gesandter Allahs die Offenbarung des Willen Gottes im Heiligen Koran nieder. Später wird aus dem Koran und dem überliefertem Leben Mohammeds die Sharia entstehen, das Islamische Gesetz (siehe 2.4.).

Im Weltbild des Islams ist der Mensch die Schöpfung Gottes, wobei die Islamische der biblischen Schöpfungsgeschichte gleich kommt. „Die Aufgabe des Menschen besteht darin, Gottes Willen in Hingabe zu erfüllen." (EICHHOFF 2006: 68). Muslime versuchen dies vor allem durch die Befolgung ihrer fünf Grundpflichten (siehe 2.3.). Lebt der Mensch nach den Regeln des Koran, so wird er nach deinem Tod beim Jüngsten Gericht Erlösung erhalten und ins Paradies gelangen. Folglich glauben Muslime an das Leben nach dem Tod, nehmen daher die Aussagen des Korans äußerst genau und versuchen ihnen hingebungsvoll zu folgen.

2.3. Die Fünf Säulen des Islam

Die Grundpflichten, die jeder Muslim einhalten muss, sind durch die Fünf Säulen des Islam festgelegt (nach RUTVEN 2000: 193ff): Die erste Säule ist *Shahada* (das islamische Glaubensbekenntnis), bei dem jeder Muslim bezeugt, dass Allah die einzige Gottheit für ihn ist. Die zweite Säule bildet *Salat* (Beten), nach dem Muslime mehrmals täglich rituelle Gebete in Richtung Mekka verrichten sollen. Die dritte Säule, *Zakat* (Almosengeben), besagt, dass jeder erwachsene Muslim verpflichtet ist, jährlich 2,5 Prozent seines Kapitalvermögens, das er über einen Grundbedarf und persönliche Besitztümer hinaus verfügt, an Arme und Bedürftige spenden soll. *Saum* (das Fasten während des Monats Ramadan) bildet die vierte Säule. Die fünfte und letzte Säule ist *Hajj* (die Pilgerfahrt nach Mekka) die von jedem Muslim, sofern er körperlich dazu in der Lage ist, mindestens einmal im Leben durchgeführt werden muss.

2.4. Religion und Staat im Islam

Im Gegensatz zur weitestgehenden Trennung von Religion und Staat in westlichen Ländern, sind Religion und Politik im Islam untrennbar miteinander verknüpft. In den islamisch geprägten Ländern fanden keine Säkularisierungsprozesse statt, die das religiöse vom persönlichen und bürgerlichen Leben ablösten. Wie AMERELLER (1995: 20-21) die Grundelemente der islamischen Rechtsschulen[2] definiert, kommt dem Koran an sich zwar nicht die Bedeutung des Gesetzbuches zu, dennoch werden *Ijma* (die Interpretationen des Korans) sowie die daraus entwickelten *Qias* (durch Juristen gezogene Analogieschlüsse) als verpflichtend angesehen. Die Analogieschlüsse gründen auf den Entscheidungen islamischer Rechtsgelehrter bei vergangenen Präzedenzfällen. Die aus diesen drei Elementen entwickelte *Scharia* (das Islamische Recht) wird bereits 1938 vom Internationalen Gerichtshof als „general principle of law" anerkannt (JADDULHAQQ 1947: 112, zitiert nach AMERELLER 1995: 20) und erstreckt sich auf alle Bereiche des religiösen, persönlichen und staatlichen Lebens im Islam. Dieser Einfluss auf alle Ebenen wird auch in der wörtlichen Übersetzung des Begriffs Islam deutlich, der „Unterwerfung, Hinwendung zu Gott" (EICHHOFF 2006: 66) bedeutet.

Weiterhin gilt die *Sunna* (Überlieferung der Worte und Taten des Propheten Mohammed) als wichtigste Ansprechinstanz bei den Juristen, da Mohammed als idealer Mensch nach Gottes Willen gelebt hat und somit als Vorbild für alle Muslime gilt. Demnach gründet das Recht islamischer Länder auf dem religiösen Propheten Mohammed und dem durch ihn überlieferten Koran.

Beim Versuch die strengen Regeln der *Scharia* in die Praxis umzusetzen kommt es nicht selten zu Schwierigkeiten, sodass besonders bei wirtschaftlichen Handlungen Umgehungsgeschäfte notwendig sind um den Vorschriften des Korans gerecht zu werden. Aufgrund der Probleme bei der Praktikabilität der *Scharia* als einzige Rechtsquelle, wird sie in einigen Ländern nur mehr zusätzlich zu anderen Quellen für die Gesetzgebung benutzt, so beispielsweise in Kuwait oder den Vereinigten Arabischen Emiraten (vgl. AMERELLER 1995: 26-31).

---

2   Im Islamischen Rechtswesen haben sich einzelne Rechtsschulen ausgebildet, die ihrerseits unterschiedliche Ansichten haben. Die vier größten Rechtsschulen des Islam sind die Malikiten, die Hanafiten, die Shafiiten sowie die Hanbaliten. Heutzutage werden die unterschiedlichen Ansichten teilweise verknüpft um das islamische Recht zu reformieren (vgl. AMERELLER 1995: 22-24).

2.5. Die Islamische Wirtschaftsethik
2.5.1. Was ist Wirtschaftsethik?

Wie bereits erörtert, kann der Islam nicht nur als reine Religion betrachtet werden, denn auf
Grund seiner engen Verflechtungen mit Politik und jeglichen Bereichen des alltäglichen
Lebens der Muslime, bildet der Islam eine eigene Kultur aus. Wie HAAS & NEUMAIR
(2005: 349) feststellen wird Kultur „im Kontext internationaler Unternehmenstätigkeit [...]
als Teil der Unternehmensumwelt betrachtet, welche die Handlungen der Individuen und die
Organisationsstrukturen beeinflusst", sowie die Wertvorstellungen der Menschen steuert, und
somit definiert was in einer Gesellschaft richtig oder falsch ist (vgl. HAAS & NEUMAIR
2005: 352). Die Wert- und Normvorstellungen einer Kultur beeinflussen demnach auch die
Entscheidungen und Vorgehensweisen in der Wirtschaftswelt. Eben diese Anwendung ethi-
scher Prinzipien auf den Bereich wirtschaftlichen Handelns kann als Wirtschaftsethik definiert
werden.

2.5.2. *halal* (Konformität mit dem Koran)

Alle Produkte und Dienstleistungen, die in einer muslimischen Gesellschaft erbracht und
erworben werden müssen *halal* sein; das bedeutet sie müssen konform mit den Grundsätzen
des Heiligen Koran sein. Unter dieser Voraussetzung sind unter anderem der Konsum und
Handel mit Alkohol, Pornographie, Prostitution, Tabak und Schweinefleisch verboten. Außer-
dem wird es nicht geduldet, sich mit der Produktion oder dem Kauf jeglicher Luxusgüter zu
beschäftigen, wenn es der Gemeinschaft an der Befriedigung ihrer Grundbedürfnisse fehlt,
z.B. Nahrung, Wohnen, Bildung oder Gesundheit (vgl. HASSAN & LEWIS 2007: 39).

2.5.3. Eigentum

GRAHAMMER (1993: 43) definiert die drei Grundsätze des islamischen Eigentumsrechts
folgendermaßen:

„1) Gott allein ist der alleinige Eigentümer aller Vermögenswerte

2) Eigentum ist kein Selbstzweck, sondern lediglich ein Mittel um höhere Ziele zu erreichen, da alle Mitglieder der Gemeinschaft an den Ressourcen beteiligt sind

3) Das dritte Prinzip ergibt sich aus den ersten beiden und sichert den Besitzstand."

Muslime haben demnach nach das Recht auf Privateigentum, allerdings mit einigen Einschränkungen. Bewegliche Güter, wie z.B. Kraftfahrzeuge oder Geld, dürfen nicht über die eigenen Grundbedürfnisse hinaus benutzt bzw. erworben werden. Unbewegliche Güter, wie z.B. Land, gehören grundsätzlich der Allgemeinheit, auch dann wenn sie in privatem Besitz sind (vgl. AMERELLER 1993: 43-44). Grundsätzlich muss alles Privateigentum rechtmäßig, also durch „Eigenleistung, Gewinnbeteiligung aus Investitionen, Schenkung, sowie Vererbung" erworben sein (GHAUSSY 1986: 63, 73, zitiert nach EICHHOFF 2006: 74). Prinzipiell ist Gott allein der Eigentümer aller Dinge auf der Erde, während der Mensch sie nur benutzen darf, sofern er dies nach dem Willen Gottes tut. Dem Menschen ist es gestattet, die Ressourcen auf der Erde zu verwenden, um seine Grundbedürfnisse sichern und wirtschaftlich agieren zu können. Wer durch ein ausgeprägtes Gewinnstreben handelt, welches zu einer weiteren eigenmächtigen Ausnutzung führen würde, würde nicht nach Gottes Willen handeln. In der Praxis kann man jedoch häufig beobachten, dass sich wohlhabende Muslime nicht immer daran halten; Dubai Marina (DUBAI MARINA 2009) und weitere geplante prestigeträchtige Stadtbauprojekte in Dubai, den Vereinigten Arabischen Emiraten, können hier nur als eines der zahlreichen Beispiele angebracht werden.

2.5.4. *Zakat* (Almosengeben)

Wie in den Fünf Säulen des Islam festgelegt, muss jeder erwachsene, wohlhabende Bürger 2,5% seines Vermögens an Arme und Bedürftige abgeben. *Zakat* (Almosen) kann grundsätzlich mit einer Vermögenssteuer vergleichen werden (vgl. GRAHAMMER 1993: 44). Auch hier zeigt sich wieder die Idee, dass alle Dinge auf der Erde, von Gott für die Menschen bereit gestellt, der gesamten Gemeinschaft gehören und von jedem zur Befriedigung seiner Grundbedürfnisse genutzt werden sollen können.

2.5.5. Das *gharar*-Verbot (Risiko-Verbot)

Im Islamischen Recht hat das *gharar*-Verbot zwei Bedeutungen. Zum Einen bedeutet es das Verbot jeglicher Geschäfte die Spekulation oder Unsicherheiten umfassen und daher Risikogeschäfte darstellen. Das *gharar*-Verbot hat unter anderem zur Konsequenz, dass der „Ersatz eines nur fiktiven Gewinnes [Schadensersatz bei nicht erhaltenem Gewinn] als ein Geschäft mit Unsicherheitsfaktor verbietet." (AMERELLER 1995: 35). Spekulative Transaktionen, bei denen ein Käufer ein Produkt zu einem niedrigen Wert erwirbt um es zu einem höheren Preis wieder zu verkaufen, Termingeschäfte, Handel von zukünftigen Aktien oder Transaktionen mit unbestimmten Gütern wie z.B. Bananen, die noch nicht geerntet wurden, sind demnach verboten.

Zum Anderen beinhaltet das *gharar*-Verbot auch das Verbot von *maysir* (Glücksspiel), da es ebenfalls mit einem Risiko verbunden ist und zu Reichtum führt, der unrechtmäßig, ohne persönliche Arbeit und Anstrengung erworben worden ist (vgl. HASSAN & LEWIS 2007: 39-40). Unrechtmäßig erworbene Gewinne sind im Islam allgemein „Gewinne, die sich aus einer monopolistischen Verzerrung des Marktgleichgewichts der Marktparteien herleiten oder auf Spekulationen beruhen" (GHAUSSY 1986: 260-265, zitiert nach EICHHOFF 2006: 74), sowie Gewinne die auf Ausbeutung, Bestechung, Zinswucher (siehe 2.5.6.), Vertragsbruch oder anderen Übervorteilungen einer Partei gründen (vgl. EICHHOFF 2006: 74).

2.5.6. Das *riba*-Verbot (Zinsverbot)

Der Begriff *riba* bedeutet wörtlich 'Wachstum' oder 'Zuwachs' und wird allgemein gebräuchlich als Zins oder Wucher übersetzt; wobei Wucher nach westlichem Verständnis immer mit einer Zwangslage oder dem Missbrauch eines Schwächeren im Zusammenhang steht, während *riba* im islamischen Recht grundsätzlich in jeder Situation verboten ist, was es insbesondere in der westlichen Welt zu einem unverständlichen und kontroversen Gegenstand macht (vgl. AMERELLER 1995: 44-45).

Genau wie dem *gharar*-Verbot (Risiko-Verbot), unterliegt auch dem *riba*-Verbot

(Zins-/Wucherverbot) die Grundidee, niemand dürfe einen ungerechtfertigten Gewinn oder auch Verlust erhalten. „Das islamische ökonomische System [...] verbietet jede Form der Ausbeutung, ehrt die Arbeit und ermutigt den Menschen, seinen Lebensunterhalt auf ehrliche Weise zu verdienen und sein Einkommen auf vernünftige Art zu gebrauchen." (ANTES 1997: 67f., zitiert nach EICHHOFF 2006: 72). Leistung und Gegenleistung müssen immer ausgewogen und vertraglich klar bestimmt sein. Jedem Vertragspartner müssen jederzeit alle Bedingungen ersichtlich sein, es darf keine „Unwissenheiten" (AMERELLER 1995: 34) geben, sodass der Handel immer gerecht und transparent ist. Grundsätzlich sollen auch alle Geschäfte sofort abgewickelt werden. Mietverträge oder Kreditverträge zum Beispiel werden nur auf Grund ihrer praktischen Notwendigkeit geduldet (vgl. AMERELLER 1995: 33-35).

Riba gilt als eine der schlimmsten Sünden im Islam. Im Folgenden sollen einige Zitate aus dem Koran das Ausmaß dieser Sünde verdeutlichen:

> „Derjenige, der *riba* praktiziert, um sein Vermögen durch anderes zu vermehren, wird nicht den Segen Gottes dazu erhalten."

> „Jenen [den Juden], die *riba* praktizieren, obwohl es verboten ist, bestimmten wir harte Strafe, weil sie anderer Menschen Gut zu Unrecht fraßen."

> „Die nun *riba* praktizieren, werden einst mit Krämpfen auferstehen als vom Satan Besessene; deshalb weil sie sagen: 'Handel ist *riba*.' Aber Gott hat den Handel erlaubt und *riba* verboten. Wer dies nun, von Gott ermahnt, unterlässt, dem wird Vergebung für das Vergangene zuteil [...] Wer aber von neuem *riba* praktiziert, wird ein Bewohner des Höllenfeuers, darin wird er bleiben. [...] so ist euch Krieg von Gott und seinem Propheten verkündet."

> (AMERELLER 1995: 47-48)

Es wird versucht zinsorientierte Transaktionen werden gänzlich vom Markt zu entfernen, bzw. Zinsen durch spezielle Finanzinstrumente (siehe 3.2.) zu umgehen.

3. Islamic Banking

3.1. Hintergründe

Während der Kolonialisierungsphase haben viele islamische Länder westliche Institutionen übernommen und wurden durch die westliche Kultur überfremdet. Als in den 1950er und 60er Jahren zunehmend mehr Länder ihre Unabhängigkeit von Kolonialmächten errangen, kam es zu einer Re-Islamisierung, einer Wiederentdeckung traditioneller, islamischer Werte und Normen. Gründe für die Rückbesinnung auf traditionelle Werte waren zum einen die Enttäuschung über westliche Institutionen und Systeme und zum anderen das Bedürfnis nach einer islamischen Identität, einer Stärkung des Zusammengehörigkeits- und Selbstwertgefühls der Muslime (vgl. USMANI 2002: IX).

Durch den Ölpreisanstieg in der 1970er Jahren und dem damit zunehmendem Ölreichtum kam es zu Kapitalüberschüssen, welche den Aufbau neuer Finanzinstitute und eine internationale Etablierung ermöglichten. Die erste kommerzielle Islamische Bank wurde 1974 in Dubai gegründet, viele weitere folgten. Die Citybank war die erste konventionelle Bank die 1996 eine seperate islamische Filiale eröffnete. Heute gibt es mehr als 300 islamische Banken in über 65 Ländern, die eine Wertschöpfung von 600 Milliarden US Dollar erreichen (vgl. ASKARI et al. 2009: 1-3).

Der Aufbau eines neuen islamischen Bankwesens[3] erforderte die Einrichtung von standardisierenden und regulierenden Instanzen. So wurde 1975 die Islamic Development Bank in Saudi-Arabien durch die Mitglieder der Islamischen Konferenz gegründet, eine supranationale Bank, die die Entwicklung armer Länder der arabischen Welt – auch in wirtschaftlichen Fragen – unterstützt. Weiterhin wurde die AAOIFI (Accounting and Auditing Organization for Islamic Financial Institutions) und weitere steuernde Organisationen gegründet [4](vgl. ASKARI 2009: 3-15), unter anderem auch das Insitute of Islamic Banking and Insurance 1991 in London (vgl. EICHHOFF 2006: 81).

---

3 Nicht alle islamischen Länder besitzen ein völlig riba-freies Bankwesen. Nur eine Nationen wie Pakistan, Iran oder der Sudan haben ihr Bankwesen ganzheitlich auf gesetzlich festgelegtes Zinsverbot umgestellt (vgl. EICHHOFF 2006: 81).

4 Islamic Financial Services Board , Islamic International Rating Agency, International Islamic Financial Market, General Council for Islamic Banks and Financial Institutions

Auch die hohe Staatsverschuldung vieler islamischer Länder und daher die Abwendung von westlichen Systemen können mit den Kapitalismus im westlichen Finanzsystem erklärt werden. So verdeutlichte auch der ehemalige Präsident Obasanjo die Lage Nigerias:

> „All that we had borrowed up to 1985 or 1986 was around $5 billion and we have paid about $16 billion yet we are still being told that we owe about $28 billion. That $28 billion came about because of the injustice in the foreign creditors' interest rates. If you ask me what is the worst thing in the world, I will say it is compound interest."
>
> (SHAH 2000)

3.2. Die Finanzinstrumente des Islamic Banking
3.2.1. *Murabaha* (Handelsfinanzierung)

Murabaha-Finanzierungen sind die häufigste Art der Bereitstellung von Mitteln im Islamic Banking. Allgemein kann man *murabaha* mit einer Handelsfinanzierung gleichsetzen. Der Kreditgeber leiht dem Kreditgeber allerdings kein Kapital, wie es z.B. bei Immobilien- oder Autokäufen üblich ist, sondern erwirbt ein Gut; der Käufer verpflichtet sich das Gut zu kaufen und die Bank verkauft es an den Kunden zu einem höheren Preis weiter. So erhält die Bank einen fixen Risiko- bzw. Wertsteigerungsaufschlag auf die Selbstkosten, und kann so einen Gewinn erzielen. Entscheidend hierbei ist, dass dieser Zuschlag im Vorfeld fest geregelt ist und nicht wie Zinsen mit der Zeit höher werden kann (vgl. GRAHAMMER 1993: 233-38).

3.2.2. *Musharaka* (Beteiligungsfinanzierung)

Musharaka kann als eine Beteiligungsfinanzierung oder Partnerschaft angesehen werden, bei dem die Bank meist auch ein Recht auf gemeinsame Geschäftsführung erwirbt. Um das Risiko zu reduzieren und auf alle Partner zu distribuieren erfolgt die Verteilung von Gewinn und Verlust nach dem profit-loss-sharing-Prinzip: Gewinn oder Verlust werden je nach Beteiligungsanteil der Teilnehmer aufgeteilt, sodass auch ein eventuell bestehendes Risiko einer Investition geteilt und somit jür jeden Einzelnen minimiert wird. Der Profit, aber auch Verlust, wird an die Bank und die Investoren zu vorher vereinbarten Portionen am Gesamtgewinn des Unternehmens verteilt. Hat ein Partner nur seine Arbeitskraft oder sein Know-How als Kapital eingesetzt, muss er nicht mit seinem Privatvermögen haften, wird aber auch keinen Lohn erhalten (vgl. EICHHOFF 2006: 83).

3.2.3. *Mudaraba* (Stille Partnerschaft)

Mudaraba entspricht einer Interessengemeinschaft, die ebenfalls nach dem Prinzip des profit-loss-sharing agiert. Bei dieser Art der stillen Partnerschaft wird dem Kapitalgeber, also der Bank, kein Recht zur Geschäftsführung übertragen und sie erhält im Falle eines Gewinns, nur einen zuvor bestimmten Anteil des Profits abhängig vom Anteil der Beteiligung (nach EICH-HOFF 2006: 84).

3.2.4. *Takaful* (Versicherung)[5]

Jeder Abschluss einer Versicherung ist mit einer gewissen Unsicherheit und einem Risiko behaftet. Wie in Punkt 2.5.5. erörtert, sind Risikogeschäfte im Islam verboten. Auf Grund dessen musste ein neues Versicherungssystem entwickelt werden. Die *takaful*-Versicherung basiert auf geteilter Verantwortung, Brüderlichkeit, Solidarität und gegenseitiger Kooperation und Hilfe. *Takaful* kann wörtlich mit 'helfen' oder 'sich um jemanden kümmern' übersetzt werden. Oberstes Gebot der Versicherung ist nicht Gewinnerziehlung, sondern den Bedürftigen, Kranken und Menschen in Not zu helfen. Die Beiträge der Versicherten werden zum größten Teil als Spenden betrachtet und an jene Menschen verteilt, die zu der Zeit Hilfe benötigen. Der kleinere Teil der Beiträge wird nach dem profit-loss-sharing in den Versicherungen angelegt. Gelder die in einem bestimmten Zeitraum nicht benutzt wurden, werden an die Versicherten ausbezahlt (nach HASSAN & LEWIS 2007: 405-408).

---

5 Versicherungen sind streng genommen kein Teil des Bankwesens, werden hier jedoch als Teil des Islamischen Finanzwesens miteinbezogen und kurz dargestellt, da sie als Finanzinstrument im Islamic Banking agieren.

3.2.5. *Ijara* (Leasing)

Das islamische *Ijara* entspricht im Ablauf dem westlichen, konventionellen Leasing. Während der Laufzeit des Leasingvertrags bezahlt der Kunde die vorher festgelegten Raten an die islamische Bank; nach dem Ablauf des Vertrags erhält der Leasinggeber sein Gut zurück oder verkauft es an den Leasingnehmer (vgl. GRAHAMMER 1993: 244-250).

4. Ein Vergleich

Das Islamische Bankwesen bzw. dessen Grundprinzipien sind durch Gott und den Propheten Mohammed im Koran, der *Sunna* und der *Scharia* festgelegt. Recht und Ethik werden im Islam folglich durch eine unveränderbare, existentielle und ideale Instanz vorgegeben und gelten daher als beständig und unfehlbar. Im Gegensatz dazu werden Rechte und auch Werte in der westlichen Welt hauptsächlich von sterblichen, fehlbaren Menschen bestimmt und sind dadurch veränderbar und instabil. Westliche Systeme und Rechte können durch den demokratischen Staat ständig verändert werden (vgl. USMANI 2002: XIV). Einerseits scheint der Islam dadurch ein werte-orientiertes, ethisches System zu sein; andererseits wirkt er durch die vielen moralischen und rechtlichen Restriktionen eingeschränkt und oft rückschrittlich oder sogar veraltet; schließlich gelten dieselben Rechte und Werte wie bei der Gründung des Islams im sechsten Jahrhundert. Die veränderbaren westlichen Systeme lassen viel mehr Raum für Innovationen und Fortschritt.

Konventionelle Banken schöpfen Gewinn aus den Zinszahlungen, die sie von Kreditnehmern erhalten. Solange sie diese erhalten, ist der eigentliche Erfolg des Projekts unterranginger Bedeutung für die Bank. Beim Islamic Banking allerdings ist die Bank von einem Misserfolg eines Projekts direkt betroffen, weswegen sie bei Zahlungsverzug oder Misserfolg der Kreditnehmer nicht abspringt; stattdessen pflegen Islamische Banken langfristige und persönliche Beziehungen mit ihren Kunden und können so stabilere Finanzmärkte vorweisen (vgl. HASSAN & LEWIS 2007: 49-53). Stabilere Märkte werden im Islamic Banking auch durch das Verbot von Spekulation erreicht. Demgegenüber kann es im westlichen Finanzwesen wahrscheinlicher zu Spekulationsblasen, Geldentwertung und Wirtschaftskrisen kommen.

Eine hohe Liquidität auf dem Finanzmarkt, als Voraussetzung für Spekulationsblasen und Inflation, wird durch die hohen Gewinne durch den Eintrag von Zinsen und durch den Handel mit Geld erzielt. Im Islamischen Bankwesen kommt es nicht zu einer solch hohen Liquidität. Geld wird im Islam nur als Zahlungs- bzw. Tauschmittel für Waren eingesetzt. Es herrscht ein Gleichgewicht zwischen dem Kapital, das auf dem Markt vorhanden ist, und den tatsächlich produzierten Gütern und Dienstleistungen. Im konventionellen Finanzsystem wird mit Geld und Wertpapieren gehandelt (vgl. USMANI 2002: XIV - XVI). Durch die Forderung von Zinsen und durch Handel mit Geld als Ware wird die eigentliche Bestimmung des Geldes zweckentfremdet (vgl. EICHHOFF 2006: 80).

Durch das Zinsverbot im Islamic Banking ist es mehr kleinen Unternehmen und Privatpersonen möglich Fuß zu fassen oder in Güter zu investieren, während es ihnen durch das westliche Banksystem oft nicht möglich wäre ihre Projekte zu finanzieren. Grenzenlose Transaktionen auf dem westlichen Finanzmarkt scheinen den Wohlstand in die Hände einiger weniger zu verlagern, was zur Bildung von Monopolen führen kann. Durch das Fehlen eines freien Wettbewerbs kann ein Gleichgewicht von Nachfrage und Angebot nicht mehr gewährleisten werden (vgl. USMANI 2002: XIV).

Da das Islamic Banking noch nicht weitgehend auf dem internationalen Finanzmarkt etabliert ist, sich hauptsächlich auf die islamischen Länder beschränkt und die Absichten und wirtschaftsethischen Ausrichtungen des Islamic Banking sowie konventionellen Bankwesens zu weit auseinanderklaffen, erscheint ein Vergleich der Effizienz beider Bankwesen an dieser Stelle nicht als sinnvoll.

5. Fazit & Ausblick

Islamic Banking genießt unter den Mitwirkenden und Kunden großes Vertrauen, da es auf islamischen Werten beruht und noch keine islamische Bank bekannt ist, die insolvent geworden ist. Da Islamische Banken durch ihre Finanzierungsinstrumente am Erfolg bzw. Misserfolg der Investitionen direkt beteiligt sind, legen sie besonderen Wert auf eine umfassende Beratung der Investoren, was wiederum zu einer starken persönlichen Beziehung und zu Vertrauen zu den Banken führt (vgl. EICHHOFF 2006: 83). Auf diese Weise können Islamische

Banken stärker, langfristig Kunden an sich binden. Das bestehende Vertrauen stellt aber auch ein mögliches Problem dar. Würde dieses Vertrauen in einem Einzelfall grob missbraucht werden, könnte das das Ansehen der gesamte Branche irreversibel schädigen (vgl. ASKARI 2009: 57).

Auch mit dem Hintergrund dessen, dass des Islam weltweit die einzige Religion ist, die in den letzten 100 Jahren einen Zuwachs an Zugehörigen verzeichnen konnte (vgl. EICHHOFF 2006: 70), muss die Bedeutung des Islamic Banking bedacht werden. Eine gewisse Werteorientierung erscheint möglicherweise vielen Menschen als sinnvoller Ausweg aus den zahlreichen Möglichkeiten einer pluralisierten Welt. Der Anstieg der Anzahl an Muslimen kann wiederum zu einem weiteren oder noch höheren Wachstum Islamischer Banken führen. Diese Werteorientierung des Islamic Banking führt augenscheinlich auch innerhalb der bereits bestehenden islamischen Kultur zu einer steigenden Nachfrage nach islam-konformen Finanzdienstleistungen durch die Muslime.

Im Jahre 2007 ist das Vermögen islamischer Banken mit 500,5 Milliarden US Dollar im Vergleich zu den westlichen Banken mit 74.232,2 Milliarden US Dollar sehr gering, besitzt aber bereits einen unübersehbaren Stellenwert auf dem internationalen Finanzmarkt. Zudem ist die Wachstumsrate der islamischen Banken mit 29.7% in 2007 in etwa doppelt so hoch wie die Wachstumsrate konventioneller Banken mit 16,3%. Das islamische Bankwesen ist insgesamt stärker bei den kleinen Unternehmen und Banken, die sich auf kurzfristigen Handel spezialisiert haben, während das westliche Finanzwesen starke Großbanken und -unternehmen besitzt. Das proft-loss-sharing-Prinzip ist noch zu komplex und zu wenig gewinnbringend um in großen Banken standhalten zu können (vgl. ASKARI 2009: 7- 20).

Das *riba*-Verbot macht sich auch positiv auf den Konten der Konsumenten bemerkbar. Zinsen erhöhen zudem die Produktionskosten eines Unternehmens, was sich auf die Preise der produzierten Konsumgüter auswirkt. Für den Verbraucher ist es also besser, wenn der Produzent keine hohen Zinsen zahlen muss.

Derzeit operieren 25% aller Islamischen Finanzinstitute in Ländern, die keine islamische Mehrheit an der Bevölkerung aufzeigen. Aber nicht nur Islamische Banken, sondern auch Islamische Filialen westlicher Banken, oder sogenannte „Islamic Windows" etablieren sich zunehmen in Europa und Nord-Amerika, um der steigenden Anzahl an Muslimen gerecht zu werden. Die konventionelle West Bromwich Building Society in Großbritannien zum Beispiel bietet durch Islamic Windows Finanzierungsmöglichkeiten auf der Basis der islamischen Grundprinzipien an, vor allem im Bereich der Hypotheken (vgl. SAMERS & POLLARD 2007: 313, 316). In Deutschland stellen immer mehr Banken Islamic Windows für den wachsenden islamischen Bevölkerungsanteil bereit. Durch die Mentalität der Muslime ist ihre Sparquote fast doppelt so hoch wie die der Deutschen, das sind etwa 1,5 Milliarden Euro, die der Deutsche Markt nicht missen will. Aber auch das Interesse von Nicht-Muslimen steigt. Die scheinbare Immunität des Islamic Banking gegen Finanzkrisen zieht auch nicht-islamische Anleger und Privatpersonen an. Wie bereits in Punkt 4. erörtert, besteht im Islamischen Bankwesen kaum eine Gefahr vor Inflation oder Spekulationsblasen auf dem Immobilien-, Aktien-, Renten- oder Rohstoffmarkt. Islamische Banken investieren nicht in Projekte, deren Verschuldungsgrad höher als ein Drittel des Börsenwerts ist. Während also konventionelle Banken in einer Finanzkrise zusammenbrechen, haben Islamische Banken zum Beispiel hier einen Vorteil (TIPPE).

Wie SAMERS & POLLARD (2007: 326) feststellen, ist Islamic Banking „more than a banking revolution in the Middle East", sondern befindet sich viel mehr auf dem Weg den internationalen Finanzmarkt umzumodeln. Dem Islamic Banking gehört die Zukunft.

6. Literaturverzeichnis

AMERELLER, F. (1995): Hintergründe des „Islamic Banking". Rechtliche Problematik des riba-Verbotes in der Schari'a und seine Auswirkungen auf einzelne Rechtsordnungen arabischer Staaten. Berlin: Dunkcker & Humboldt Verlag.

ANTES, P. (1997): Der Islam als politischer Faktor. Hannover, Niedersächsische Landeszentrale für politische Bildung.

ASKARI, H., IQBAL, Z., MIRAKHOR A. (2009): New issues in Islamic finance and econo mics : progress and challenges. Singapore: Wiley.

BPB (BUNDESZENTRALE FÜR POLITISCHE BILDUNG) (2011): Informationen zur politischen Bildung - aktuell. – Online unter: http://www.bpb.de/publikationen/0SF8X0,0,Einleitung.html#footer (22.02.2011).

CFS (Consulting For Succes GmbH) (2005): Religionen der Welt - Statistik – Online Unter: http://www.theology.de/religionen/religionen-der-welt---statistik.php (22.02.2011).

DUBAI MARINA (2009) – Online unter: http://www.dubai-marina.com (22.02.2011).

EICHHOFF, I. (2006): Religion Wirtschaft Ethik. Wirtschaftsethische Aspekte von Judentum, Christentum und Islam. Saarbrücken: VDM Verlag Dr. Müller.

GHAUSSY, G. (1986): Das Wirtschaftsdenken im Islam. Von der orthodoxen Lehre bis zu den heutigen Ordnungsvorstellungen. Bern, Haupt.

GRAHAMMER, M. (1993): Islamische Banken - Ausweg aus dem Finanzierungsdilemma für Nahostgeschäfte?. Wien: Service-Fachverlag.

HAAS, H. & NEUMAIR, S. (2005): Internationale Wirtschaft. Rahmenbedingungen, Akteure, räumliche Prozesse. München: Oldenbourg.

HASSAN M. & LEWIS M. (2007): Handbook of Islamic Banking. Cheltenham, Edward Elgar Publishing Limited.

JADDULHAQQ (o.J.): The Islamic Sharia: An Eternal Legislative Source – In: Arab Commercial and Comparative Law. (o.J.) S.112ff.

RUTVEN, M. (2000): Der Islam. Eine kurze Einführung. Stuttgart, Reclam – Online unter: http://www.bpb.de/publikationen/0SF8X0,0,Einleitung.html#footer (22.02.2011).

SAMERS, M., POLLARD J. (2007): Islamic Banking and finance: postcolonial political eco nomy and the decentring of economic geography – In: Transactions of the Institute of British Geographers, 07 (32-3). Royal Geographical Society (with The Insitute of Bri tish Geographers). S.313 – 330.

SHAH, A. (2000): The Schale of Debt Crisis – Online unter: http://www.globalissues.org/article/30/the-scale-of-the-debt-crisis (22.02.2011).

TIPPE, D. (o.J.): Islamic Banking trotzt der aktuellen Finanzkrise. Islamic Banking - Von Fi nanzkrise keine Spur – Online unter: http://www.islamic-banking-online.de/islamic-banking.php (22.02.2011).

USMANI, M. (2002): An introduction to Islamic Finance. The Hague: Kluwer Law International.